全国高等学校建筑美术教程

名校名师系列

清華大学·周宏智

陕西新华出版传媒集团 陕西人民美术出版社

前 言

■ 本书是针对建筑学专业在校学生撰写的基础美术教材，其中包括了铅笔素描和水彩两个部分。需要指出的是：所谓"建筑美术"并不等于"建筑画"，建筑画多指那种用于解释和说明设计意图的、细节详尽、画法严谨的建筑图画，专业人士通常根据它的绘画技法和功能称其为"建筑渲染图"或"建筑表现图"。而本教材的主旨则侧重于帮助读者了解和掌握绘画创作的基本技巧和实践本领，增强学生的艺术修养和审美能力。既然是针对建筑学专业的教学用书，因此在题材内容上则以建筑和风景环境为主，重点研究绘画在建筑表现方面的一些造型规律及技法特征。

■ 作为一部绘画基础教材，本书总结了作者在课堂教学和创作实践中的一些个人经验。我相信这些经验对于初学者在提高绘画能力上是有帮助的。同时我也要强调，任何经验和技法都是有局限的，因为这些经验和技法往往都是个人学习、创作的总结，而每个人都有自己的艺术主张和创作体验，于是才有了千差万别的"风格"。读者可以根据不同的学习阶段和兴趣爱好选择适合自己的教材和范本进行学习。

■ 绘画是一门实践性很强的学科，学习过程中的点滴进步都要依靠大量的实践练习。借助教材的指导讲授和临摹优秀作品，是尽快入门的好办法。因此，本书在内容的编排上包含了两个主要方面：一是作品创作过程的方法步骤解析，二是范图欣赏。读者可根据兴趣或学习需要对范图进行临摹。如果本教材能给同学们在绘画能力上带来些许提高，那将是本人所热切期盼的。

目 录

铅笔素描

广义地讲，"素描"包含了各种形式的单色绘画。本教材所介绍的内容是以光影形式为特征，以明暗关系为基础来描绘事物的一种素描形式。

对于任何从事以造型表现为目的的专业人士来说，素描都是一种必不可少的基本知识和技能，因为素描几乎包含了除色彩之外所有的基础造型要素，如：构图、线条、形状、明暗、肌理等。

根据明暗关系变化来再现物体真实效果的素描具有以下特点：首先，它着重于表现物体在光线作用下的体积与结构效果。其次，它能够较为真切地再现物体的空间关系。再有，就是通过线条和笔触的灵活运用能够比较真实地描绘物体的质感和肌理特征。以上特点决定了当我们利用明暗色调关系来描绘建筑以及环境和风景时，更便于表现这些物体在光的作用下所呈现的体积、结构、空间及质感等特征，因此用这种方法有利于我们在从事观察和写生时对物象进行整体的空间把握。另外，熟练地掌握素描技巧也有利于设计者将自己的创作构思形象而准确地表达出来。

铅笔是一种便利的素描工具，本教材所介绍的铅笔素描是一种较为简单概括的素描技法。有别于精细入微的风格，这种素描更强调提炼概括，以更为简略却不失整体性关照的方法来塑造所观察和理解的客观物象。总的来说，这里介绍的方法不是一种很难掌握的技法。铅笔作为一种硬质的媒介总要比毛笔容易驾驭。只要勤于练习，相信初学者也能够逐渐地熟悉和掌握这种素描技法。

铅笔画基础技法

请选择2B、3B或4B等笔芯较软的铅笔，因为过硬的笔芯不易画出丰富的色调和生动的笔触。

首先把铅笔削好，留出约1cm长的笔芯。然后在细砂纸或粗颗粒的纸面上把笔尖磨出一个斜面。（图1.1）

铅笔准备好后，你可以尝试转动铅笔的角度自由地在纸面上画一些粗细不同的笔触和线条，以熟悉这支铅笔在运用不同力度和角度时所产生的各种笔触变化。熟练掌握并灵活地运用这些笔触和线条，将会在实际创作中产生丰富而生动的效果。（图1.2）

画法步骤图解

图1.1

图1.2

要掌握正确的素描技法，首先要学会正确的观察方法。从某种意义上讲，有怎样的观察方法就有怎样的表现技法。比如说，如果我们在观察物体时只注重它们的轮廓及其线条，那么我们自然就会依赖线条去表现物体。如果我们从明暗色调差异与变化的角度去观察物象，就很容易从明暗关系入手去描绘物体。再有，如果我们在观察物体时只专注于它的局部细节而忽略了它的整体特征和各部分之间的关系，就很难做到画面效果的完整统一。因此，正确的观察方法是：时刻着眼于物象的整体效果，尽管绘画过程中的每一笔都是画在局部上，但是我们的眼睛却要随时观察所描绘的对象以及画面构图的整体关系。

正确的表现方法是画好一幅优秀素描的保证。总的来说，一种比较可靠的方法就是，从整体入手逐渐地深入到细节。先整体后局部，先概括后细微。

下面列举四幅素描作品，分步骤讲解它们的画法过程。

第一幅例图是一幢20世纪早期建造的住宅，它的特点是体量小，便于初学者进行整体观察和把握。同时，它又是一座造型别致、形态生动的建筑。在强烈的阳光照射下，呈现出清晰、明确的结构变化。

第二幅例图是一座罗马式建筑，这幢建筑比前一例图中的建筑体量要大许多，构图方式采用了比较远的空间视角。通过这个练习，一方面可以熟悉一下西方传统建筑的经典类型，另一方面可以尝试一种大空间的构图方式。

第三幅例图是典型的中国式传统建筑垂花门，选择它是为了让学生们通过认真观察和写生，熟悉并掌握中国古典建筑的一般形式特征和素描表现技法。

最后一幅例图选择了现代建筑题材。现代建筑是我们时常面对的内容，它那非常规的形态和界面，钢铁、玻璃等新材料的运用，都是绘画表现中必然遇到的问题。

步骤图解例一 / 照澜院住宅

照澜院住宅实景照片

  在明亮的阳光照射下，屋宇的明暗关系十分强烈、清晰，这样的效果使我们很容易观察和判断物体的色调关系。

《照澜院住宅》步骤一

  首先要合理地安排构图，尽量使画面构图达到稳定均衡的效果。先用铅笔画出大致的轮廓。此时需要注意以下几点：第一，考虑到所有的建筑物都具有一定的几何基础，所以正确地描绘出建筑物的透视效果是非常重要的；第二，一定要准确地画出建筑物各主要部分之间长、宽、高的比例关系；第三，物体的整体形态一定要准确，但是不必画出过多的细节。

《照澜院住宅》步骤二

  一定要十分明确地捕捉到物体明暗转折的关键部位，然后用铅笔的宽面以最果断并概括的笔触画出建筑物的背光部分，此时一定不要顾及暗面里的各种结构细节，只需认真关注那些明暗转折点和阴影的边缘位置等重要环节。

《照澜院住宅》步骤三

　　在整体性的明暗关系基本确定后，开始着手在暗调子里画出那些更细微的变化。在这幅图中主要是进一步强调了明暗转折的部位，以及屋檐下面和门窗等细节。处于受光面上的窗户结构比较清晰，黑白对比也比较明确。需要注意，当玻璃反射天光时一定是很明亮的，此处的窗棂一般就是暗的。而当玻璃透射出幽暗的室内环境或反射户外的物体而形成暗色调时，临近此处的窗棂一般要留出白色的线条。这样才能使窗户显得真实生动，同时具有一种黑白交错所产生的节奏美感。

《照澜院住宅》步骤四

　　整体调整，对细节进行深入刻画，突出物象主要部分的形状及结构。补充明暗关系中不足的地方以丰富色调，同时开始描绘环境景物。描绘环境时要注意以下原则：应处理好环境景物的空间关系，具体来说就是远景一定要含蓄概括，明暗对比要弱；近景要相对清晰，结构明确，色调对比要强烈。

照澜院住宅

步骤图解例二/*清华大学礼堂*

清华大学礼堂实景照片

　　呈现在眼前的这幢建筑，它的主立面自身存在着固有色调的不同，红色的砖墙和白色的大理石并立在一起显示出微弱的明暗差异。这需要我们在用单色表现时给予适当的区分。

《清华大学礼堂》步骤一

　　在这幅图中，构图左侧留出了更大的空间，原因在于建筑的主立面具有明显的朝向，而这种朝向形成了一种明确的方向感。也就是说，当建筑的主立面明显朝向一边时，在构图中一般要在它所朝向的一侧多留出一些空间，这样会显得画面更均衡。

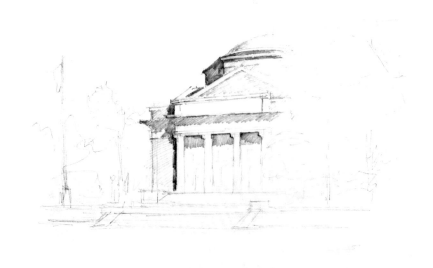

《清华大学礼堂》步骤二

　　首先要从构图的主体——建筑开始画起，还要重点关注受光面与背光面的区分，同时要体现受光面上不同色调间的差异，具体说就是红色砖墙与白色大理石之间的差异。但这种差异在强烈的日光照射下是很微弱的，千万不可过分强调，以免混淆受光面与背光面的本质区别。

《清华大学礼堂》步骤三

　　树木的固有色调要比建筑暗许多，所以，利用建筑物两侧的树木所形成的暗色调可以衬托出明亮的建筑立面，显得主题更加明确。另外，建筑立面上的门窗是该建筑的"五官"，位置显著，自然形成画面主题中的主题，因此要认真描绘它们的结构。再有就是门窗自身的固有色调很暗，是画面上明暗对比最强烈的地方。利用这种对比可以进一步强化主题的视觉效果。需要注意建筑上最右侧的门窗隐藏在树木的阴影里，所以一定要弱化。实际上，所有处于阴影里的内容都要弱化，这也是在明暗色调素描中处理光影效果的一般规律。

《清华大学礼堂》步骤四

　　最后需要对画面进行整体调整，完善环境部分。在调整阶段要整体审视画面上需要深入补充的细节和色调，但是切记不要过多地重复描绘，重复描绘可能会导致色调的呆板滞涩，从而破坏画面初始阶段那些生动而肯定的笔触效果。

清华大学礼堂

步骤图解例三/垂花门

垂花门实景照片

  中国古典建筑有其独特的样式和结构特征。例如，屋面上的瓦垄，屋檐以下的斗拱、装饰和彩绘等，这些结构往往都有比较繁缛复杂的细节。但是写生时不必过于关注这些细节，而应把注意力集中于建筑的整体形态特征和明暗关系上。对于那些结构细节，尤其是那些繁缛的表面装饰可以采取简单概括的手法处理。

《垂花门》步骤一

  这里再重复强调一下，起稿时一定要准确地把握建筑的基本比例和透视关系。对于建筑中那些表面的装饰细节，在起稿阶段无须把它们都详尽地画出来，这些细节可以在后续的步骤中去体现。许多细节由于光影、空间效果等原因或许根本就无须体现。

《垂花门》步骤二

  经过仔细观察后，确定物体明暗转折的关键部位和阴影的边界，然后将整个暗面用肯定的笔触涂满。请记住，此时不要顾及暗面或阴影中的结构细节，重要的是首先将整体的明暗效果呈现出来。屋面上的瓦垄不可画得太呆板，要强调变化，变化的依据来自于观察所获得的直觉。通常情况下，距离近的地方较之远一些的地方结构要更清晰明确。

《垂花门》步骤三

开始在暗调子的基础上画出更丰富的层次与结构变化，尤其要注意屋檐前部瓦当、滴水和椽头的特征。此图中主要是深入刻画了屋檐下面凹进或突出的结构，门洞里面的暗色调空间，以及石狮子的暗部结构变化。

《垂花门》步骤四

整体调整。继续深度刻画建筑主体的细节，包括一些更细微的局部变化以及屋面上斑驳的光影。要注意观察那些自然形成的明暗节奏，例如构图左侧所显示的那样：利用建筑上方背景部分的树木所形成的暗色调衬托出建筑顶部明亮的轮廓，再以建筑背光部分的暗色调衬托出前景植物的亮色调，进而再利用植物受光面的亮色调突显出石狮子的暗部轮廓，这种明暗交替的色块变幻就形成了视觉上生动的节奏感。

垂花门

步骤图解例四／美术学院

美术学院实景照片

　　这是一幢完全处于逆光条件下的建筑，只有那面反射着天光的玻璃幕墙呈现出明亮的反光效果。然而就是这些玻璃上的亮色块打破了整幢建筑的沉闷色调。

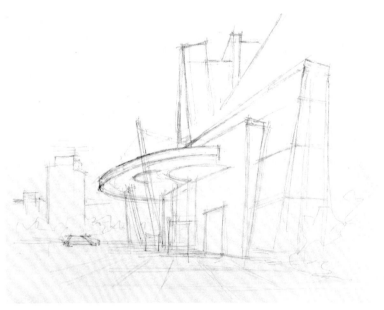

《美术学院》步骤一

　　这幢现代风格的建筑具有不同于常规的界面关系，因此在起稿阶段一定要注意那些不同方向和角度的轮廓线所产生的透视变化。

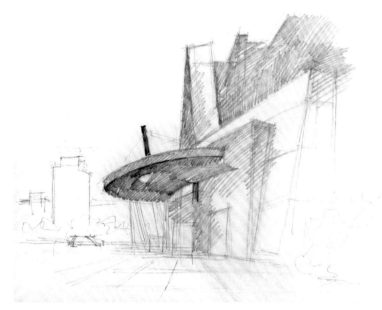

《美术学院》步骤二

　　由于这幢建筑处于完全逆光的环境中，因此也没有受光面与背光面的区分。我们只能在一个整体的暗色调中尽量辨别出色调的微弱差异，并把这些差异准确地描绘出来。

《美术学院》步骤三

　　进一步分析并细致地刻画各部分的色调变化，同时要注意留下最亮的部分，即反射天光的玻璃幕墙。

《美术学院》步骤四

　　这幅素描的技术难点在于处理好各部分色调间的细微差异。总的要求是，既要使色调富于变化又要保持整体性关联，既要统一又要丰富，自始至终都要把注意力倾注到微妙的明暗变化之中。构图中有两个局部需要精心刻画，一个是最亮的部分，即反射天光的玻璃幕墙；一个是最暗的部分，即建筑的入口部分。这两个细节一个最亮一个最暗，对于丰富和活跃画面色调起着关键性的作用。

美术学院

铅笔速写

　　承继前面的素描技法，这里所介绍的速写方法仍以光影形式为特征、以明暗关系为基础来描绘事物，只不过是以更简约概括的方法去表现客观物象。

　　速写的一般目的是将对客观事物的直觉印象快速地描绘下来，因此作者在绘画时必须抓住该事物最基本的形式特征果断而迅速地画出来。虽然速写不能全面而详尽地再现对象，但是却能更生动流畅地反映出作者的最初印象。另外，速写又是设计人员快速记录或表达创作灵感与造型意图的方式。应该说，熟练地掌握速写技能是一名设计人员所应具备的专业素质。

　　速写的要求是，捕捉事物的基本特征并以果断的线条或色调迅速地描绘下来。所谓"基本特征"，包括物象的主体轮廓线、动态线、结构线以及最能够体现物体结构和空间效果的明暗色调，重点在于准确和概括，尽量不使用橡皮修改画面。如果一根线条画错了不必涂改，可以重画一遍，不怕反复但忌讳犹豫，忌讳断断续续，只要线条流畅，重复并无大碍。

铅笔速写例图

例图一

　　首先用流畅、肯定的线条画出建筑物的基本轮廓和重要的结构关系。可以看到，在巨大的玻璃幕墙上映射出街头其他建筑物的影子，这些影子形成了明确的暗色调，它不仅显示出玻璃的材料质感，同时又丰富了画面的色调变化，所以一定要作为重点去表现。在幕墙上涂暗色调之前，先用一个较坚硬的工具（可以把铅笔杆的另一端切削一下即可）在画面上刻画出线条的印痕然后再涂上暗色调，即可显示出白色的线条。远处的景物可以做概括的处理以呈现特定的空间环境。

例图二

    先画出建筑的基本轮廓，然后将铅笔倒过来利用切削过的笔杆末端，按照建筑表面的网状结构稍微用力压划出线条痕迹，在此基础上再涂画暗色调。此时画面的暗调子上会显现出先前笔杆划过的痕迹并形成白色线条。之后，根据需要再画出建筑结构间细微的明暗变化。

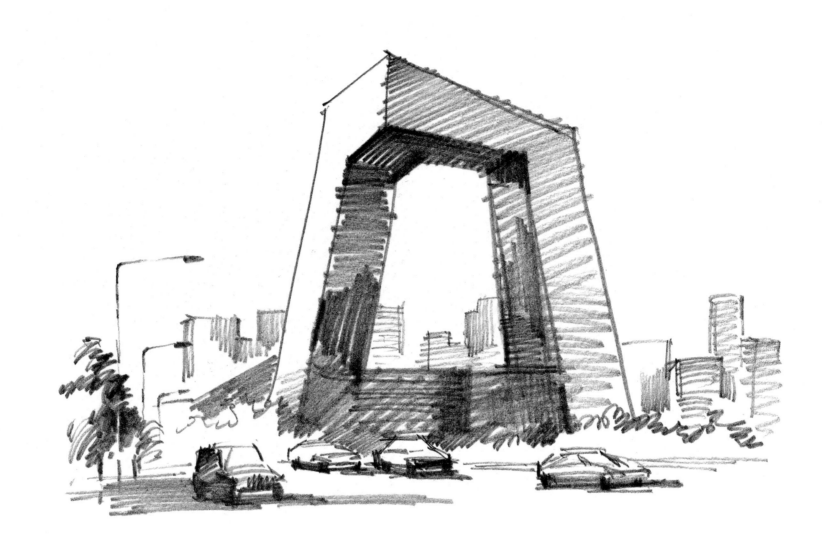

例图三

  这幢建筑的基本特征在于它奇异的外观。在这个完全几何化的形态中线条显得格外简单，同时呈现出一种鲜明的黑、白、灰的色调层级。作为速写，只需抓住这些直觉特征即可，无须过多地追求细节表现。要注意，在处理环境时需正确把握物体与建筑的尺度比例，比如路灯、汽车、背景等。通过这些内容的对比可以相对显示出建筑的体量和尺度。

例图四

　　这幅速写的重点在于强调建筑的基本形态以及在光线作用下十分明确且整体性很强的黑白色调关系。

例图五

　　在速写作品中要尽量概括地处理明暗层次，最好以简单清晰的黑、白色调体现物体的结构、空间以及光影效果。过多的灰色调在速写中是不可取的。

例图六

　　不要顾忌线条的重复。线条要肯定、流畅、有力度，切不可犹豫不决、弱如
游丝。

例图七

　　速写的要义不只在于"速度快"，更重要的是一种洗练生动的绘画风格。无论在我们写生还是构思一件作品时，我们的眼睛所见、头脑所想，第一印象或第一感觉都是十分重要的，而速写是一种将我们的第一印象或感觉抑或是灵感得以即时表达的有效手段。

素描作品

广州图书馆新馆

城市街景

北京大学校史馆

中关村街景

建设中的城市

西阶教室
2014. 4. 29

清华大学西阶教室

青城天下幽

苏州园林

苗族村寨

石
幢

吴哥窟

金山岭长城

冬季圆明园

老北京火车站

——清华大学科学馆

罗马街景

拙政园

图书馆

清华园建筑

贵宾楼大厅

水 彩

水彩作为一个画种，它的基本艺术特征可以概括为：水色结合、清新流畅；轻快明媚、晶莹娟秀。从技术层面上来说，与我们所熟悉的画种比较，首先它有别于油画。油画颜料以油作为调色剂，在塑造性方面宜厚宜薄，易于调整。水彩则借助于水作为调色媒介，色层很薄并且具有一定的透明性，它能够使色面呈现出丰富轻盈的效果，但不宜反复修改。另外，水是流动的，色在水中是可以交融的，如此便产生了湿润流畅的效果，但同时也增加了对工具和材料的操控难度。与国画相比，水彩更注重光与色的表现。因此水彩画创作需要具备一定的素描基础，而且是上一章介绍过的强调光影关系和色调变化的素描基础。

作为一个独立画种，水彩画不仅是专业艺术家们所喜爱的绘画门类，也是不同领域的设计家们所青睐的画种。原因在于水彩画的材料特性决定了它在表现力方面具有清晰细腻的效果。例如，在传统的手绘建筑表现图中，主要是以水彩画来完成的。

客观地讲，水彩画的技术难度比较大，初学者可能需要一段较长时间的练习才能渐入佳境。一旦熟悉并掌握了水彩画技法，你会发现它的艺术表现力是非常丰富的，在技术操作方面可塑性也是很强的，它可以为作画者提供无限的创造余地。举例来说，水彩就如同一把优质的小提琴，可以让演奏者充分发挥他的表演才华。请相信，不管你在艺术感觉上是天资聪颖还是生性愚钝，只要你对水彩画有兴趣而且能够坚持认真地画出一百幅画，谁都可以成为水彩画家。

水彩画的工具、材料

初学者的第一项任务就是选择专业、适用的水彩画工具。

水彩画笔，在专门的美术用品商店或互联网上都可以买到水彩画的专用画笔。水彩画笔大致有平头和圆头两类。大部分水彩画笔是用天然与合成材料制作的毛笔。当然也有价格昂贵的专业画笔，但对于一般水彩画爱好者来说普通画笔就足够用了。（图2.1）

图2.1

从事一般性的写生或创作，需要准备大、中、小三种型号的圆头画笔，还要备有一把三至四厘米宽的羊毛板刷和一两只平头画笔。以上只是对初学者的一些建议。

图2.2

水彩纸，目前国内多数水彩爱好者喜欢使用国外进口水彩纸。一般可以选择300g/m²的冷压水彩纸。作画之前最好先用清水将画纸浸湿或用板刷蘸清水将画纸的两面全部刷湿。然后用水融胶带沿着纸张的四边把画纸粘贴在画板上，待干燥后纸面会非常平整而且在绘制过程中纸面也不会出现太大的变形。（图2.2）

还有一种四周用胶封好的水彩本，这种本子外出写生携带很便利，它为使用者免去了裱纸的环节。（图2.3）

颜料一般采用管装的就可以，有些颜料是必备的，如红、黄、蓝三种原色。以下是一些常用颜色：

红色类：深红、大红、朱红。

黄色类：土黄、中黄、柠檬黄。

蓝色类：普蓝、群青、湖蓝。

绿色类：墨绿、翠绿、浅绿。

褐色类：凡戴棕、熟褐、熟赭。

另外，还可以准备一支培恩灰。

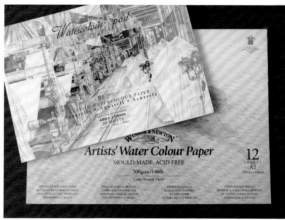

图2.3

水彩画颜料的色相数量很多，但是绘画时不可能所有的颜色都用。实际上经常使用的色彩不过七八种。一般每个人在作画时都有自己的一套习惯用色，这种现象是普遍的，越是成熟的画家在他们创作时使用的颜色越有限。

以下是调色盒里的色彩排列顺序。（图2.4）

从左到右分别是：深红、大红、朱红、土黄、中黄、柠檬黄、草绿、深绿、普蓝、群青、赭石、熟褐、凡戴棕。

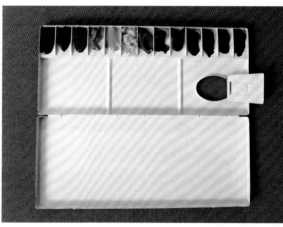

图2.4

以上只是一个色相不多的色彩系列，读者完全可以根据自己的爱好和习惯增加或调整调色盒中的色彩，但是一般都要按照色彩的冷暖类别依次排列，主要是为了调色便利。

除了笔、纸和颜料外，一些辅助性的工具也是不可或缺的，如洗笔罐、带有喷雾口的小瓶和海绵、纸巾等。当画面干燥后，可以用带有喷雾口的小瓶将画面喷湿。海绵或纸巾的用途也很多，可以用来修改画面或在需要笔尖干燥时吸干毛笔的水分等。（图2.5）

图2.5

画法步骤图解

　　以下通过一些实例介绍一下水彩画创作的具体经验和方法。需要说明的是：任何方法都不是绝对的，只是个别人的经验；教科书的指导可以用来学习借鉴，但最重要的还是自己在实践中去总结。

　　一般情况下，在水彩画创作过程中有几点是需要特别强调的。首先，在着色步骤上一定要从整体着手，逐步深入到细节。再有，开始涂色阶段一定要湿画（颜色的含水量比较大）。随着画面一步步地深入，前面画好的颜色会逐渐变干，在内容刻画上也渐渐涉及局部细节。另外，由于水彩颜料具有较高的透明度，通常情况下要先画浅颜色后画较暗的颜色。还有一点需要注意，水彩画不宜多遍反复画，重复的遍数多了颜色将失去透明度变得干枯滞涩，完全丧失水彩画的品质特色。除个别细节外，大面积的色彩最好不要重复画三遍以上。

　　下面列举七幅水彩画作品进行画法步骤介绍。这些作品主要兼顾了不同类型的建筑以及街景等题材。图例一是著名的圣马可广场，建筑结构复杂且包含了广阔的空间环境及人物。图例二和图例三则以中国古典建筑题材为主，并分别侧重于街景和阳光下的色彩效果。图例四表现了现代城市的建筑和街道。图例五、图例六则描绘了不同城市的街巷与民居。最后一幅例图是一片树林，从某种意义上来说，树木较之于建筑更难画一些，因为树木不像建筑那样具有一定的几何基础，树木的形式比较松散，是不可测量的，因此画树木需要进行更多的观察体会与实践练习。

步骤图解例一 / 圣马可广场

《圣马可广场》步骤一

　　起稿时主要应注意构图安排，其次要准确地画出建筑以及环境的空间透视关系。另外，无须过于深入地描绘细节。

《圣马可广场》步骤二

　　图中的建筑穹顶在日光照耀下显得非常亮，甚至要亮于蓝色的天空。首先在天空部分用大号画笔涂一遍清水，在画面仍比较湿润的情况下开始涂上天空的色彩。这里使用了湖蓝和群青等颜色。注意，此时由于画纸是湿润的，所以颜色会在纸面上流动，最好"顺其自然"地让色彩自动生成形状，这种自然的形状比人为地控制更接近于蓝天白云的自然形式。

《圣马可广场》步骤三

　　这幢建筑物的主立面处于逆光环境，先大面积地画出建筑立面的基本色调。例图中使用了朱红、群青、中黄等颜色调和，这种"三原色"的混合会形成一个灰色调，至于这个灰色调更倾向于哪种色相（紫色、橙色、绿色）则取决于调和过程中不同颜色的比例。例如，红+蓝多，调和的结果自然会偏紫。如果红+黄的成分多，肯定会偏橙色。蓝+黄的成分多一定会偏绿。不断调和、实验、斟酌三种颜色的调和比例，就会找到你所需要的灰色调。

《圣马可广场》步骤四

　　建筑立面整体的颜色确定后开始在其间画出门窗以及表面装饰等更具体的结构。例图中较暗的色彩是用熟褐+普蓝+大红等色彩调和的。注意，较暗的色彩最好一次画到位，不能反复画，暗颜色重复两遍以上立刻会变得干枯滞涩成为"脏"颜色。

《圣马可广场》步骤五

    画面中右侧的建筑立面上有一个巨大的阴影，由于建筑表面固有色为白色，而且这片阴影受到蓝天的影响，因此呈现为非常明快的冷色调。不要将这里的阴影颜色画得过暗。例图上的阴影色彩是由湖蓝+朱红+淡黄等颜色调和的。建筑第一层拱门内的颜色呈现为暖色调，这种暖色调源自地面的反射光。拱门内的暖色是用熟赭+土黄+群青等色彩调和的。

《圣马可广场》步骤六

　　最后画广场上的人群。整体环境下的人物不宜画得过于具体，首先要考虑到人物与环境的比例和空间关系，根据构图需要安排好人物的位置以及"聚散"效果。在画个别人物时最好事先在起好稿的人物轮廓内涂上一点清水，然后再画颜色。目的是使颜色依托潮湿的纸面产生自然变幻的效果，以避免造型的呆板滞涩。

圣马可广场

步骤图解例二 / 北京鼓楼大街

《北京鼓楼大街》步骤一

　　铅笔稿完成后先从天空画起，例图中天空的颜色比较亮但纯度很低。用比较稀薄的土黄色先将天空部分涂一遍，待其将干未干时（画面看不到水痕的反光）用大号画笔蘸较浅的群青色快速画天空，切忌反复涂绘。

《北京鼓楼大街》步骤二

　　红色是一种明度比较低的颜色。画面上，建筑的红色因为处于强烈的日光照射下，故红色不宜太浓，调色一定要稀薄以保持它的亮度。这是一幅冬日的街景，街道两侧的树木还比较干枯，一定要在潮湿的底子上先画一些暖褐色的颜色，为下一步深入描绘枝干打下一个色彩基础。

《北京鼓楼大街》步骤三

在前一步骤的基础上用普遍暗一些的颜色深入刻画鼓楼上的基础结构。画面左侧的建筑处于完全逆光的环境，色彩很暗。这里的暗色调使用了熟赭+普蓝+大红等色彩调和，路面上巨大的阴影在天光影响下形成冷色调，可以连同建筑的色调一起画，但是要稍浅一些，为后续深入描绘留有余地。画建筑时注意将街道上的树干部分空留出来。

《北京鼓楼大街》步骤四

用干笔皴擦出树叶，然后进一步描绘枝干。用大号画笔涂染地面上的阴影，阴影的色彩大致是由湖蓝加朱红加少许黄色调和的。在画阴影时一定要准确地留出汽车上的受光部分。至于街道上的人物造型不必预留，因为在此图例中，人物的色彩都比较暗，可以待路面颜色稍干后再画。

《北京鼓楼大街》步骤五

　　最后画环境中的车辆、人物等细节。画车辆时笔触要清晰果断，结构要简单明确。环境中的人物不必画得过于细腻烦琐。画配景中的人物，关键要把握好准确生动的姿态和简单概括的色彩。

北京鼓楼大街

步骤图解例三 / 景山公园

《景山公园》步骤一

　　这幅图的明暗秩序基本上是由远及近、由亮到暗的一种关系，可以从天空和远景画起。首先将画面涂上清水，然后画天空。一定要在纸面湿着的情况下画远景的树木。一般来说，远处的景物都是比较含蓄的，色彩在潮湿的纸面上交融不会留下生硬的边缘，所以在画远景的物象时最好是采用湿画的方法。

《景山公园》步骤二

　　先用浅淡的颜色画出建筑和树木的色调。由于该建筑本身的固有色比较丰富，再加上光影变幻，使画面色彩看上去有些凌乱。用轻淡的颜色先标示出各主要部分的色彩，为后续深入描绘确定一个基本的色彩秩序。

《景山公园》步骤三

中国古典建筑的表面结构比较繁复，在描绘这种结构关系时切忌面面俱到，对于重要的节点和转折处要着意刻画，例如房角、屋檐、廊柱等，但是对于一些非结构性的装饰内容完全可以忽略，例如建筑表面的浮雕、彩绘等内容，或者不画或者用简单的色彩加以概括即可。

《景山公园》步骤四

构图近景的树木色调很暗，如同向两侧拉开的幕布衬托出画面中央亮丽的主题。画树叶时一定要先将纸面涂湿，但是不一定涂得很均匀，有的地方湿一些，有的地方比较干，这样更利于后续涂色时产生变化。画树叶最好选一只笔头不太整齐的旧画笔，要灵活地运用毛笔的笔尖、侧锋等各个部位皴、擦、点、染，总之要画出丰富的笔触变化。通常在叶簇的边缘及轮廓部位点状的笔触会多一些。例图中树叶的颜色大致是用深红+深绿+凡戴棕等颜色调和的。左上角偏暖色的树叶加入了熟赭、土黄等颜色。

《景山公园》步骤五

    汉白玉台基的背光面受到周边环境光的影响显得很透明，这里使用了淡淡的冷色调。地面布满了斑驳的树影。仍旧是先把纸面涂湿然后用大号画笔涂色，涂颜色时注意留出空隙以体现树荫里的光斑。画好阴影后待其未完全干时可以在上面弹洒一些清水，被水滴冲淡所形成的色斑可以强化树荫的斑驳效果。

景山公园

步骤图解例四 / 中关村大街

《中关村大街》步骤一

　　这幅画描绘的是北京的一条繁华大街，时值多云天气有轻微的雾霾。首先在画好铅笔稿的画面上半部分薄涂一层土黄色。在构图中的路面部分薄涂一层冷颜色。

《中关村大街》步骤二

　　要趁土黄色未完全干时在构图的天空部分画一层淡淡的群青，此时天空会呈现出一种稍微偏暖的灰色调。待底色基本干燥后，用大号的平头画笔描绘街道两边的建筑。涂色时要做到果断、准确，要留出玻璃幕墙上强烈的白色反光部分。涂色过程中运笔速度需稍快一些，毛笔刷过纸面时留下的白色空隙不要轻易地覆盖，可以在后续描绘中刻画成局部的玻璃反光。此图靠左侧建筑上的白色反光就是无意中留下的，之后根据玻璃窗的特征做了简单的修饰。画远景建筑时色彩的纯度一定要降低。玻璃幕墙的颜色是用普蓝、钴蓝、群青以及少量的大红、深绿等色彩调和的。

《中关村大街》步骤三

　　高大的玻璃幕墙表面会映射出周边的环境物体，这些物体在玻璃表面形成投影。可以用比较浓重的颜色画出这些投影，然后一定要在这些厚重的暗颜色将干未干时，用笔杆末端或其他较坚硬的工具在暗颜色的表面刻画出白色的线条，用以表现幕墙上的结构线。同时尽量用干笔（将蘸好颜色的毛笔用海绵或纸巾把水吸干）在比较亮的玻璃墙体部分画出坚挺的暗颜色线条。这种黑白交替出现的色彩平面和线条可以生动地表现玻璃的质感。

《中关村大街》步骤四

　　路面的颜色要尽量画得薄一些。这里是用培恩灰+群青+熟赭调和的。街道上的汽车不必画得过于详细，但是要做到结构清晰、笔触果断。通常情况下，车子的挡风玻璃以及车顶和机器盖部分色调比较亮，因为这些地方受天光影响会产生强烈的反光。车子的前、后和侧面，色调比较暗，而底部连同地面上的阴影都应该是很暗的。

中关村大街

步骤图解例五 / 广州街巷

《广州街巷》步骤一

　　此画的内容是城市中的普通民居，为了体现街巷的窄小而采用了纵向的构图。这是一个多云的天气没有清朗日光，天空虽然很亮但色调却非常灰。用朱红+群青+中黄调出稀薄的灰色涂染天空。

《广州街巷》步骤二

　　图中的建筑基本上以红色调为主。先从远处画起，虽然建筑的立面都是砖红色，但涂色时一定要强调色彩的变化。画到窗户时不要刻意沿轮廓留出空白，而应该与墙体一起着色，只需注意留下部分白色以体现玻璃的反光。画第一遍颜色时，两幢楼之间的绿色植物要与墙面的颜色湿接。墙面颜色是用熟褐+朱红+土黄等色彩调和的。植物的颜色是由熟褐+普蓝+中黄等色彩调和的。

广州街巷

《广州街巷》步骤三

　　当在房子上画第二遍颜色时，需谨慎地画出窗户以及植物的轮廓。画窗户时切不可呆板地将每一片玻璃、每一根窗棂都画出来，一定要有实有虚、有明有暗，这样效果才会真实生动。

《广州街巷》步骤四

　　在这幅画中，构图的中心应该是中间的建筑。街道两侧的房子不宜画过多的细节，以免掩盖主题。路面颜色是用培恩灰+熟赭+钴蓝等色彩调和的，画路面时要用大号画笔完成，涂染不要超过两遍以保持色彩的透明度。

步骤图解例六／*青岛民居*

《青岛民居》步骤一

这是青岛市区的一处民居。与前一幅画不同，这幅画描绘的是一个天空晴朗、日光强烈的天气。首先用清水把画好铅笔稿的纸面涂湿，然后用土黄＋朱红＋熟赭调和形成的暖色调在建筑的受光面薄涂一遍，色彩一定要淡且薄，颜色过厚过浓会失去透明度而无法表现阳光照射下墙面的明亮效果。

《青岛民居》步骤二

一定要在画纸比较湿的情况下开始画天空部分，同时画出正面建筑的红色屋顶。注意，阳光照射下的浅色墙面要比天空亮。

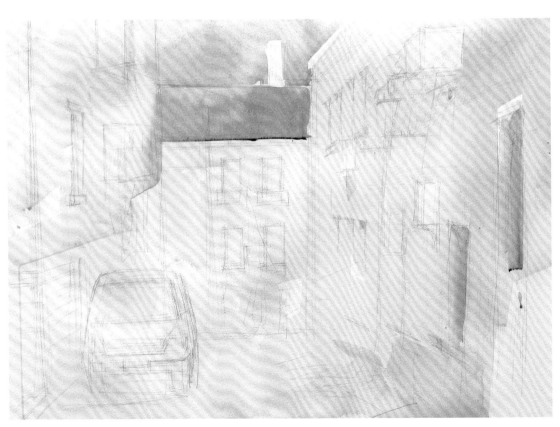

《青岛民居》步骤三

　　背光处的墙面受到天空颜色的影
响基本上是冷色调的，先用群青+朱
红调和出偏蓝紫的色调，大面积地涂
染出阴影，随即用中黄+朱红调出较
暖的颜色加入阴影的冷色中，让这些
暖色与冷色在交融中自然地流动变
化。注意，这里并不是把几种色彩在
调色板上调和后再画到纸面上，而是
先画冷色，之后加入暖色。但一定要
在前面的颜色完全湿润的情况下加入
另外一种颜色，这样的色彩融合会产
生更丰富生动的变化。

《青岛民居》步骤四

　　当画面的整体色彩布局完成后，
接下来就可以进行一些局部内容的描
绘，例如门窗等。

《青岛民居》步骤五

　　描绘局部结构和细节时应注意，处于受光部分的内容要清晰，而处于阴影环境下的结构内容相对含蓄。画类似电线等很细的线条时，可以用小号的长锋画笔，将画笔沾满颜色后用海绵或纸巾把笔尖上的水分吸干，最好用毛笔的侧锋横向拖笔画出较细致的线条。

青岛民居

步骤图解例七 / 郊外的树林

《郊外的树林》步骤一

对于水彩画初学者来说，画树是一个比较困难的课题。首先，植物不像建筑那样具有明确的几何外形。其次，植物的色彩变化非常丰富，以绿色为例，如果用一种单纯的概念性绿色画树肯定是不行的。把握好植物的形态及细节，熟练地掌握植物色彩的变化与统一，的确需要大量的练习才能够取得一些经验。这幅例图是一片松树林，起稿时要将主要的树木位置以及大致形态确定下来，然后用大号画笔或板刷蘸清水把画纸涂湿，之后，由远及近画出不同位置上树木的基本色彩。上图中，右侧近景的树木色彩是用熟褐、普蓝、中黄和少量红色调和的。注意，调和过程中并没有直接使用任何绿色。

《郊外的树林》步骤二

一定要在底色未干时开始画第二遍颜色，此时宜使用大号画笔根据树木的基本形态涂染更暗一些的色彩。画树叶时笔触一定要十分灵活，多数情况下使用侧锋，可以利用较暗的色彩空留出亮颜色以区分叶簇之间的层次。不必等颜色完全干就可以开始画树干和枝丫。

《郊外的树林》步骤三

　　最不易掌握，也是最需要灵活运用的技法就是画树叶。如果说前一步骤画的是"面"，那么这时则侧重画"点"。首先要注意点的聚散分布，其次点的形状和大小要丰富多变，切忌形状类似、分布均匀。为了避免程式化最好通过写生去实际观察，但绝不要试图完全再现对象，重要的是对直觉的把握。要处理好远景与近景的空间关系，一般原则是：远处的景物色彩纯度低、结构关系含蓄，而近处的景物则相对色彩纯度高、结构明确清晰。

郊外的树林

《郊外的树林》步骤四

  林间的红色小屋起到了调节和平衡画面色彩的作用，构图下方的阴影部分受到天光的影响呈现为冷色调。阴影的色彩是用湖蓝+大红+淡黄等色彩调和的。

水彩作品

青岛街景——龙江路

青岛街景——龙口路

青岛街景——伏龙路

青岛民居

青岛 民居 周(2013).

休渔
崂山××龙嘴
渔港、二少.6

崂山休渔

崂山仰口渔港

青岛海滨

埃菲尔铁塔

巴黎街景

罗浮宫

罗浮宫（局部）

巴黎圣母院

St. Peter's Cathedral

Zhou Hongzhi 2007

圣彼得大教堂

圣马可广场

圣马可广场（局部）

佛罗伦萨的观光马车

罗马——城市一隅

蒙特卡洛

北欧风情（一）

北欧风情（二）

BABY
FROM STOKHOLM
2003.8

北欧风情（三）

流动在柱廊间的阳光

远眺开罗

尼罗河上的帆船

尼罗河小港

颐和园——夕阳画中游

周天涯 2008.1

雪后小景

故宫——集福门

潭柘寺

京郊红叶

2013.7.29

北京郊外

花
卉